小朋友，冒冒失失的兔子哈利是怎么发生惨剧的？快跟我们一起去了解一下……

图书在版编目 (CIP) 数据

危险的马路游戏 / (英) 格里芬著；李小玲译. 一深圳：海天出版社, 2016.8
(孩子，小心危险)
ISBN 978-7-5507-1620-9

Ⅰ. ①危… Ⅱ. ①格… ②李… Ⅲ. ①安全教育－儿童读物 Ⅳ. ①X956-49

中国版本图书馆CIP数据核字(2016)第085663号

版权登记号　图字 :19-2016-097 号

Original title: The Dangerous Road Game
Text and illustrations copyright© Hedley Griffin
First published by DangerSpot Books Ltd. in 2005

The simplified Chinese translation rights arranged through Rightol Media
（本书中文简体版权经由锐拓传媒取得 Email:copyright@rightol.com）

危险的马路游戏

WEIXIAN DE MALU YOUXI

出 品 人　聂雄前
责任编辑　涂玉香　张绪华
责任技编　梁立新
封面设计　蒙丹广告

出版发行　海天出版社
地　　址　深圳市彩田南路海天综合大厦(518033)
网　　址　www.htph.com.cn
订购电话　0755-83460202（批发）0755-83460239（邮购）
设计制作　蒙丹广告0755-82027867
印　　刷　深圳市希望印务有限公司
开　　本　787mm×1092mm 1/24
印　　张　1.33
字　　数　37千
版　　次　2016年8月第1版
印　　次　2016年8月第1次
定　　价　19.80元

危险的马路游戏

[英]哈德利·格里芬◎著　李小玲◎译

海天出版社（中国·深圳）

这是一个热情似火，激情满怀的日子，世界仿佛也变得动感起来。哈利，那只冒冒失失的兔子，正躺在自己的床上做着美梦：梦到自己成了全世界最优秀的足球运动员！

“我敢打赌我肯定比英国队的队长得分多！”哈利吹嘘道。他急不可耐地要穿上足球鞋，可是却连鞋带都没系上。

他抓起足球，冲出卧室，可是却被没系上的鞋带给绊倒了，一下子从楼梯上滚了下来。

“啊……哎哟……疼死我了！”他从楼上滚到了楼梯尽头，一路鬼哭狼嚎。

“你还好吗？”虾猫和土豆狗进门看到哈利趴在走廊的地板上，关切地询问。

“哈利，你没有系鞋带。这就是你为什么会被绊倒而从楼梯跌下来的原因。”虾猫训斥道。

“系鞋带！系鞋带！”鹦鹉皮洛跟着说。

“你们想去公园踢足球吗？”哈利问道。

“好呀！”土豆狗愉快地接受邀请，“我能进球得分吗？”

“当然，”哈利一边回答，一边抓起足球，冲向门口，“来吧，快点，不要浪费时间了。”

他倒着退到人行道上，连路都不看，一下子撞到了一只大蜗牛，又摔倒了。

“你怎么都不看路的？”哈利向蜗牛抱怨。
“你总是横冲直撞，经常被绊倒。”

“你才应该好好看路！”惊魂未定的蜗牛好意提醒。

“是的，哈利。你怎么都不看路的？”鹦鹉皮洛又重复了一遍。

“我要踢球了。你们准备好了吗？”哈利一边转过头问身后的朋友，一边继续走路，一下子又撞到了路灯杆上。

“哎哟……我的鼻子！好疼啊！谁把路灯杆放在这儿挡道！”哈利尖叫。

“哈利，你一定要看路。”虾猫拉着他的手好心地再次提醒。

“我们穿过马路去不远处的公园吧，在那里我们可以眼观六路，肯定安全些。马路在这里拐弯，又刚好在山顶前面，不安全。”

“我们越过小山，绕过弯道！”鹦鹉皮洛笑道。

“我们要停下来，左右看，竖起耳朵注意听。”虾猫抓着哈利和土豆狗的手说。她突然注意到哈利和皮洛站在道牙边：“哈利，皮洛，你们往后站，不要靠近马路。”

“别站在道牙上，往后站好了！”皮洛说道。他和哈利一起向后退了几步，离道牙边远了一点。

“我们现在可以过马路了吗？”哈利问道，他干什么都是急急忙忙的。

“等一下。我们必须做好准备才能过马路，要左右看，注意听，确保没有危险才能过马路。”虾猫回答。

“噢，好的。”土豆狗回应道。她沉思了片刻，接着说，“向上看，向下看，再向后看。最好天气晴朗，一切 OK（没问题）我们才可以过马路，对吗？”

“噢，土豆狗，我真是服了你！”虾猫无奈地回答，“我忘了，狗都没有方向感的。来，牵着我的手，我们一起过马路吧。”

当确认马路上没有行驶的车辆，可以安全通行的时候，他们才一起朝公园走去。哈利又忍不住想冲到前面。“哈利！你不能冲过去。这样会很危险。慢慢走，不要跑！”虾猫苦口婆心地劝道。

“说到做到，”鹦鹉皮洛说，“看我，我总是慢慢走，从来不飞。”

“那是因为你恐高。”虾猫笑着说。皮洛脸红了。

公园里，足球比赛如火如荼：哈利拦截虾猫，土豆狗拦截哈利，鹦鹉皮洛做裁判。

“英国队队长拿到了球，铲球防守，机智地绕过对手运球，球队进攻。得分！精彩！”

哈利踢球太用力了，足球一下弹到了马路上。“我去捡球。”哈利边叫边追着球跑了过去。

“快回来！你越位了！你越位了！”鹦鹉皮洛大叫，可是没人听懂他说什么。

哈利看也不看就直接冲到了马路上去追球。

“不要，不能去！”跑到人行道边的虾猫在哈利身后大吼，“小心啊！”但太迟了。

马路上传来一阵刺耳的汽车刹车声和“砰”的一声巨响。哈利被一辆驶过的汽车撞倒了。

哈利被送进了医院。幸运的是，车速并不快，所以他伤得并不严重，但仍然需要住院两个星期，在此期间他不能出去玩了。

经过这次事件，再过马路的时候，哈利一定会停下来，左右看看，仔细听，确保没有危险了才过马路。

如何安全通过马路？

想

寻找可以安全通行的地方，然后停下来。尽量选择以下位置过马路：地下通道、人行天桥、安全岛、斑马线、自控人行横道和红绿灯路口，或选择有警察、学校交通安全队或交通管理员的地方通行。如果没有上述地方，可选择视野开阔可以清楚观察路况的地方，这样司机也可以看到你。

千万不要在急转弯处或者山顶前过马路。

停

站在靠近道牙的人行道上。

花时间确认路况。

尽量和道牙保持一定距离。这样你既可以远离车辆又可以看清路况。

如果没有人行道，尽量站得离马路边缘远一点，但也要能够看清往来车辆的情况。

用眼睛看，用耳朵听

前后左右看，仔细倾听，因为有时候你可以在看到车辆前先听到它的声音。

等，确保安全后再通行

如果车辆驶过来，让车辆先通行。

确保有足够的通行时间穿过马路时再过马路。如果不能确认，请不要通行。

过马路时也要注意看，用心听

确保安全时，要直穿马路。要走，千万不要跑。

把印有“小心危险！”标识的贴纸贴在家中危险的地方，以便提醒孩子注意安全。